食帖儿!
烤箱带来的温暖

主编◎高玉才

吉林科学技术出版社

图书在版编目（CIP）数据

食帖儿!烤箱带来的温暖 / 高玉才主编. -- 长春：
吉林科学技术出版社, 2019.12
ISBN 978-7-5578-3642-9

Ⅰ.①食… Ⅱ.①高… Ⅲ.①烘焙－糕点加工 Ⅳ.
①TS213.2

中国版本图书馆CIP数据核字(2018)第072835号

食帖儿！烤箱带来的温暖
SHITIER! KAOXIANG DAILAI DE WENNUAN

主　　编	高玉才
出 版 人	李　梁
责任编辑	郭劲松
书籍装帧	长春创意广告图文制作有限责任公司
封面设计	长春美印图文设计有限公司
幅面尺寸	185 mm × 260 mm
字　　数	110千字
印　　张	9
印　　数	1–5 000册
版　　次	2019年12月第1版
印　　次	2019年12月第1次印刷

出　　版　吉林科学技术出版社
发　　行　吉林科学技术出版社
地　　址　长春市净月区福祉大路5788号出版集团A座
邮　　编　130118
发行部电话/传真　0431–81629529　81629530　81629531
　　　　　　　　　81629532　81629533　81629534
储运部电话　0431–86059116
编辑部电话　0431–81629517
印　　刷　吉广控股有限公司

书　　号　ISBN 978-7-5578-3642-9
定　　价　49.90元

前　言

　　说起烘焙，人们便会想起酥软甜糯的美味，但烦琐的制作步骤和漫长的制作时间，让很多人望而却步。繁忙的都市生活，让人们和烘焙之间的距离越来越远，这时急需一种操作简单、制作时间短的烘焙制品，在满足口腹之欲的同时，又不会浪费珍贵的闲暇时光。

　　本书精选了60余款美味健康的烘焙制品，共分为面包类、蛋糕类、饼干类、派及果冻四个章节。初学烘焙的朋友往往从最基础的工具和原料的选择开始就已经晕头转向，不知道从何处着手。我们从最简单的烘焙制品着手，一步步分解、变化和提升，让你不用走弯路，轻松地提高自己的烘焙水平。

　　本书甜品种类丰富，读者朋友们可以根据本书制作出适合自己的美味甜点。

目录
CONTENTS

第三章

★ 饼干类

第四章

★ 派及果冻

目录 CONTENTS

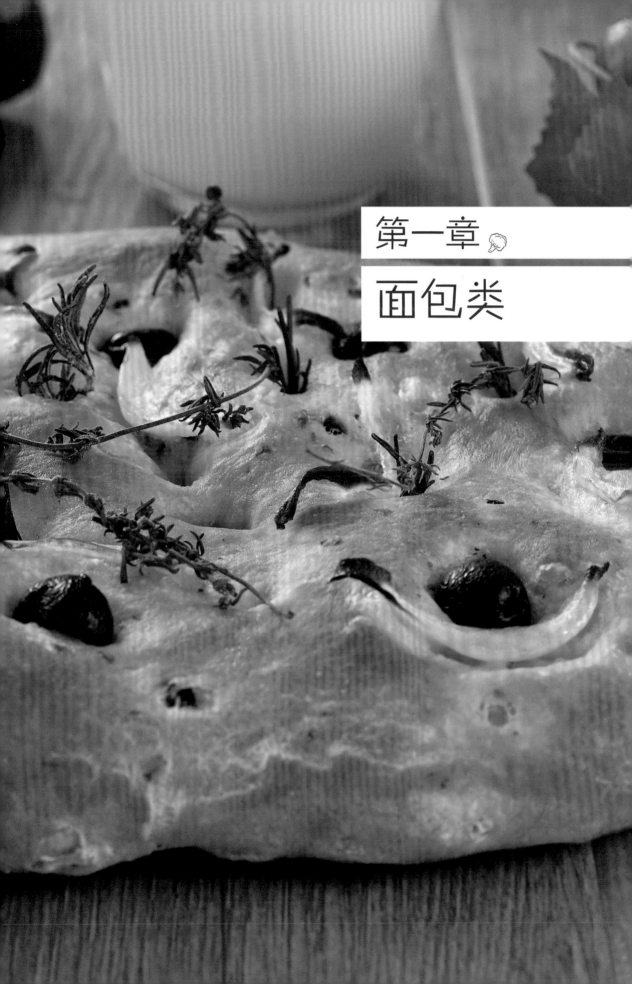

第一章

面包类

木糖醇百吉饼

食帖儿！

🔥 用料

高筋粉160克，低筋粉20克，黑麦粉21克，木糖醇6克，精盐3克，酵母4克，清水120克。

👨‍🍳 做法

1. 将除清水外的用料放入搅拌机内，以慢速挡慢慢加入清水搅拌成面团，再改用快速挡搅拌10分钟至面团光滑，取出，均分成数个小面团，用手指将小面团的中间用力压下去，制成面包圈后放在烤盘上，放入冰箱冷冻2小时。

2. 锅置火上，加入清水，待水烧至略开时关火，将面包圈放入水中浸泡约2分钟，取出后放在烤盘上，再放入烤箱，烘烤至表面上色后取出即可。

法式香草面包

食帖儿！

🔥 用料

　　高筋粉250克，精盐4克，S500面包改良剂5克，酵母7克，清水180克，干香草碎适量。

👨‍🍳 做法

1. 将除干香草碎、清水以外的用料放入搅拌机内，以慢速挡慢慢加入清水搅拌成面团，再改用快速挡搅拌15分钟，取出。

2. 将面团均分成数个小面团，然后放在工作台上，醒40分钟，擀成椭圆形片，用刀切两个口，制作成形，翻转过来，表面喷水，撒上干香草碎，醒发，待完全醒发后，送入烤箱打蒸汽，烘烤至表面上色，再烘烤8分钟后取出即可。

11

草莓丹麦包

食帖儿！

🔥 用料

丹麦面包基础面500克，草莓50克，吉士奶油、光亮膏各适量。

👨‍🍳 做法

1. 将丹麦面包基础面用压面机压到5的刻度，再裁成边长8厘米的正方形，对角折叠，在两边分别切刀口，交叉两边。

2. 放在烤盘上，送入醒发箱，待完全醒发后，在中间挤上吉士奶油，烤至呈金黄色后取出凉凉，在吉士奶油上面放草莓，表面刷上光亮膏即可。

法式长面包

食帖儿!

🔥 用料

高筋粉250克，精盐4克，S500面包改良剂5克，酵母7克，清水180克。

👨‍🍳 做法

1. 将除清水外的用料放入搅拌机内，以慢速挡慢慢加入清水搅拌成面团，再改用快速挡搅拌15～18分钟，搅打至面团发热后取出。

2. 将面团均分成数个小面团，然后将小面团放在工作台上静置一会儿，醒30分钟，表面覆盖保鲜膜。

3. 使用压面机将小面团压成长方形面片，然后从上向下卷，搓成长面包形状，放入模具中，送入醒发箱，待完全醒发后，用刀片在表面划五个刀口，放入烤箱打蒸汽，烘烤至面包表面上色均匀，继续烘烤10分钟，取出即可。

传统奶头包

食帖儿！

用料

牛奶90克，酵母、黄油各7克，鸡蛋5个，精盐4克，高筋粉300克，木糖醇15克，清水30克。

做法

1. 将高筋粉、木糖醇、精盐、少量清水和酵母放入搅拌机内，以慢速挡慢慢加入清水、鸡蛋液（留适量鸡蛋液）和牛奶搅拌成面团，再改用快速挡搅拌约8分钟，然后加入黄油，搅至面团光滑后取出。

2. 将面团均分成数个小面团，小面团中间用拇指压一个洞。

3. 另取一小块面团搓成蝌蚪形，再将蝌蚪形面团嵌入刚制作的小面团的洞中间，放入醒发箱，待完全醒发后，表面刷上鸡蛋液，放入烤箱，烘烤至面包表面上色均匀，取出即可。

黑麦酸奶面包

食帖儿！

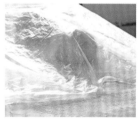
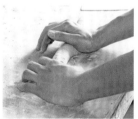

🔥 用料

高筋粉270克，黑麦粉90克，精盐6克，黄油22克，S500面包改良剂、酵母各10克，木糖醇2克，清水250克，酸奶适量。

👨‍🍳 做法

1. 将除酸奶、清水以外的用料放入搅拌机内，以慢速挡慢慢加入清水搅拌成面团，再改用快速挡搅拌12分钟，然后放入酸奶，搅打至面团光滑，取出。
2. 将面团均分成数个小面团，放在工作台上醒30分钟，表面覆盖保鲜膜。
3. 使用压面机将面团压成长方形面片，再将长方形面片从上向下卷，搓成长面包形状，放入模具中，送入醒发箱，待完全醒发后，表面撒上少量高筋粉，用刀片在表面划三个刀口，放入烤箱打蒸汽，烘烤至表面上色，再烘烤10分钟，取出即可。

黑芝麻面包

食帖儿！

🔥 用料

高筋粉250克，精盐4克，S500面包改良剂5克，酵母7克，清水180克，黑芝麻适量。

👨‍🍳 做法

1. 将除黑芝麻、清水以外的用料放入搅拌机内，以慢速挡慢慢加入清水搅拌成面团，再改用快速挡搅拌15分钟，取出。
2. 将面团均分成数个小面团，然后放在工作台上，醒40分钟，表面覆盖保鲜膜。
3. 将小面团搓成圆球，表面粘上黑芝麻，放在烤盘上，放入醒发箱，待完全醒发后，送入烤箱打蒸汽，烘烤至表面上色，再烘烤8分钟，取出即可。

板栗牛奶餐包

食帖儿！

🔥 用料

高筋粉180克，低筋粉、黄油各20克，精盐2克，木糖醇28克，酵母7克，鸡蛋3个，牛奶30克，清水75克，板栗泥10克，豆沙泥适量。

👨‍🍳 做法

1. 将高筋粉、低筋粉、精盐、木糖醇、酵母放入搅拌机内，以慢速挡慢慢加入清水、鸡蛋液（留适量鸡蛋液）和牛奶搅拌成面团，再改用快速挡搅拌10分钟，然后加入黄油搅至面团光滑，取出。

2. 将面团均分成数个小面团，搓成圆球，压扁，包入板栗泥，放入醒发箱，待完全醒发后，表面刷上鸡蛋液，送入烤箱，烘烤至表面上色，取出凉凉后，挤上豆沙泥即可。

白吐司面包

食帖儿！

🔥 用料

高筋粉450克，低筋粉50克，酵母12克，木糖醇15克，精盐、S500面包改良剂各7克，牛奶20克，黄油32克，清水200克。

👨‍🍳 做法

1. 将除清水外的用料放入搅拌机内，以慢速挡慢慢加入清水搅拌成面团，再改用快速挡搅拌12分钟至面团光滑，取出。

2. 将面团均分成数个小面团，搓成圆球，放在工作台上，醒60分钟，挤出面团中的气泡，用压面机压成长方形面片，卷成长条，装入吐司模具，放入醒发箱，待完全醒发后，放入烤箱烤至表面上色即可（注意：烘烤中间侧翻一次模具）。

辫子牛奶餐包

食帖儿!

用料

高筋粉180克，黄油、低筋粉各20克，精盐1克，酵母7克，鸡蛋3个，木糖醇、牛奶各30克，清水75克，白芝麻适量。

做法

1. 将高筋粉、低筋粉、精盐、木糖醇、酵母放入搅拌机内，以慢速挡慢慢加入清水、鸡蛋液（留适量鸡蛋液）和牛奶搅拌成面团，再改用快速挡搅拌10分钟，然后加入黄油搅至面团光滑，取出。

2. 将面团均分成数个小面团，将每个小面团搓成两根长条，交叉对叠，重复数次，完成造型后放入醒发箱，待完全醒发后，表面刷上鸡蛋液，撒上白芝麻，送入烤箱，烘烤至表面上色即可。

低糖核桃面包

食帖儿！

🔥 用料

高筋粉180克，黑麦粉60克，糖粉6克，精盐、木糖醇各5克，黄油15克，S500面包改良剂、酵母各7克，核桃仁碎25克，清水150克。

👨‍🍳 做法

1. 将除核桃仁碎、清水、糖粉以外的用料放入搅拌机内，以慢速挡慢慢加入清水搅拌成面团，再改用快速挡搅拌10分钟至面团光滑，取出，然后加入核桃仁碎揉匀。

2. 将面团均分成数个小面团，放在工作台上，表面覆盖保鲜膜，醒30分钟，挤出小面团中的气泡，压成长方形面片，从上向下卷，封口，再沿一侧切口，整理成麦穗形，放在烤盘上，待完全醒发后，放入烤箱打蒸汽，烘烤至面包表面上色均匀，取出，撒上糖粉即可。

核桃全麦面包

食帖儿!

🔥 用料

　　高筋面粉175克，全麦粉50克，核桃仁、葡萄干各10克，精盐、酵母各4克，S500面包改良剂5克，黄油12克，清水适量。

👨‍🍳 做法

1. 将高筋粉、全麦粉、酵母、S500面包改良剂、黄油、精盐倒入搅拌机内，加入清水搅拌至面团起筋光滑，取出。

2. 将面团均分成数个小面团，放在28℃的环境中醒发，之后将小面团擀长，撒上葡萄干、核桃仁，卷起后放入模具中，用刀从中间切开，醒发至原面包大小的2倍，放入烤箱中，烤至表面呈金黄色、熟透即可。

传统意大利佛卡夏面包

食帖儿！

用料

高筋粉200克，干百里香、干迷迭香、精盐、S500面包改良剂各5克，酵母6克，洋葱丝、橄榄油各10克，清水160克，黑橄榄8克，蒜蓉4克，香草2克。

做法

1. 将高筋粉、S500面包改良剂、酵母、精盐放入搅拌机内，以慢速挡慢慢加入清水搅拌成面团，再改用快速挡搅拌10分钟，然后慢慢加入干百里香、干迷迭香、蒜蓉、橄榄油搅打至面团光滑，取出。

2. 将面团均分成数个小面团，用擀面杖擀成长方形，表面刷上橄榄油，放入醒发箱，待完全醒发后取出，撒上香草、黑橄榄、洋葱丝，放入烤箱，烘烤至表面上色后取出即可。

中国结餐包

食帖儿！

🔥 用料

高筋粉180克，黄油、低筋粉各20克，精盐1克，牛奶、木糖醇各30克，酵母7克，鸡蛋3个，清水80克。

👨‍🍳 做法

1. 将高筋粉、低筋粉、精盐、木糖醇、酵母放入搅拌机内，以慢速挡慢慢加入清水、鸡蛋液（留适量鸡蛋液）和牛奶搅拌成面团，再改用快速挡搅拌10分钟，然后加入黄油搅至面团光滑，取出。

2. 将面团均分成数个小面团，搓成长条，围成3个圈，然后做成中国结形状，放入醒发箱，待完全醒发后，在表面刷上鸡蛋液，送入烤箱，烘烤至表面上色即可。

全麦吐司

🔥 用料

全麦粉、高筋粉各300克，酵母16克，精盐10克，S500面包改良剂8克，黄油26克，清水450克。

👨‍🍳 做法

1. 将除清水外的用料放入搅拌机内，以慢速挡慢慢加入清水搅拌成面团，再改用快速挡搅拌10分钟至面团光滑，取出。
2. 将面团均分成数个面团，搓成圆球，放在工作台上，醒60分钟，挤出面团中的气泡，用压面机压成长方形面片，卷成长条，装入吐司模具，放入醒发箱，待完全醒发后，放入烤箱烤至表面上色即可（注意：烘烤中途要侧翻一次模具）。

every day
HaPpy

第二章

蛋糕类

爱尔兰香橙蛋包

食帖儿!

🔥 用料

黄油100克，杏仁粉、白砂糖各120克，低筋粉130克，橙子300克。

👨‍🍳 做法

1. 不锈钢盆中加入黄油、白砂糖，搅打至颜色发白的状态，加入过筛的低筋粉和
   杏仁粉，搅拌均匀。
2. 橙子洗净，取橙汁和橙皮碎，将橙汁和少许橙皮碎放入黄油粉中，搅拌均匀。
3. 将不锈钢盆中的混合物灌至模具中2/3处的高度，再将模具放入预热的烤箱
   内，用180℃的温度烘烤25分钟左右，取出冷却，适当装饰即可。

蜂蜜白兰地卷
食帖儿！

用料

普通面粉170克，白兰地50克，蜂蜜240克，白砂糖260克，红糖200克，黄油170克，糖粉30克。

做法

1. 将黄油熔化，把15克糖粉和剩下的用料混合在一起，制成面团。
2. 将面团切成每个10克的小面饼，搓成圆球，整齐地摆放在烤盘上，放入烤箱，用170℃的温度烘烤8分钟，取出，将饼干趁热取出来，搭在擀面杖上凉凉，撒上15克糖粉即可。

胡萝卜蛋糕

食帖儿!

🔥 用料

白砂糖150克，胡萝卜300克，低筋粉120克，杏仁粉200克，泡打粉10克，蛋白、蛋黄各适量。

👨‍🍳 做法

1. 将胡萝卜洗净，沥干，擦成丝。
2. 不锈钢盆中加入蛋黄、75克白砂糖搅拌均匀。
3. 另取一个不锈钢盆，加入蛋白、75克白砂糖搅打均匀，将搅拌好的蛋白和蛋黄再次混合搅拌。
4. 将低筋粉、杏仁粉和泡打粉过细筛，再倒入搅拌好的蛋白和蛋黄中搅拌均匀，拌入胡萝卜丝，放入预热的烤箱内，用180℃的温度烘烤25分钟，取出冷却后装饰即可。

白巧克力慕斯蛋糕

食帖儿！

🔥 用料

白巧克力120克，白砂糖80克，蛋黄150克，牛奶200克，鱼胶20克，淡奶油400克，杏仁蛋糕坯1个。

👨‍🍳 做法

1. 白砂糖放入不锈钢盆中，加入蛋黄搅拌均匀。

2. 另取一个不锈钢盆，牛奶倒入盆中，盆置电磁炉上，加热煮开，关火。

3. 将搅拌好的蛋黄倒入牛奶中，再置电磁炉上，回火加热至85℃，白巧克力放盆中，搅拌至完全溶化，关火后降温至40℃，再加入熔化的鱼胶调拌均匀；淡奶油搅打至七成发，加入不锈钢盆中搅拌均匀，制成慕斯。

4. 取1个8寸蛋糕圈模具，放入一片杏仁蛋糕坯，再灌入慕斯，与模具相平，冷藏3小时即可。

红枣蛋糕

食帖儿!

🔥 用料

　　黄油400克，白砂糖250克，枣泥300克，鸡蛋9个，低筋粉450克，泡打粉10克，可可粉50克。

👨‍🍳 做法

1. 不锈钢盆中加入黄油、白砂糖搅拌均匀，再慢慢地加入鸡蛋液。
2. 将低筋粉、可可粉和泡打粉过筛，再加入不锈钢盆中搅拌均匀，加入枣泥调拌均匀，将不锈钢盆中的混合物灌入模具中至七分满，放入预热的烤箱内，用180℃的温度烘烤25分钟，取出冷却后装饰即可。

奥利奥芝士蛋糕

食帖儿！

🔥 用料

奶油芝士350克，白砂糖120克，鸡蛋2个，黄油、奥利奥饼干、巧克力饼干碎各100克。

👨‍🍳 做法

1. 奶油芝士切块，用微波炉解冻至柔软，放入不锈钢盆内，加入白砂糖，用搅拌器搅拌均匀，然后慢慢地加入鸡蛋液，搅拌均匀，最后加入50克熔化的黄油搅拌均匀，做成芝士浆。

2. 另取一个不锈钢盆，巧克力饼干碎放入盆内，加入50克黄油拌匀，制成饼干酥底。

3. 饼干酥底均匀地压入模具底部，灌入适量芝士浆至蛋糕圈模具的1/2处，铺上奥利奥饼干，然后灌入剩余的芝士浆，放入预热的烤箱内，用180℃的温度烘烤15分钟至表面凝固即可。

花生纸杯蛋糕

食帖儿！

🔥 用料

黄油60克，木糖醇100克，鸡蛋2个，全麦粉150克，低筋粉50克，泡打粉4克，苏打粉3克，牛奶、花生酱各125克，香草香精2克，精盐1克，花生碎适量。

👨‍🍳 做法

1. 将黄油和木糖醇放入搅拌机内，搅打至发白，调至慢速挡，放入鸡蛋液，搅至完全混合后，倒入不锈钢盆中，加入全麦粉、低筋粉、泡打粉、苏打粉、精盐、香草香精、牛奶、花生酱搅拌均匀，制成面糊。

2. 将面糊灌入松饼纸杯的2/3处，撒上花生碎，放入烤箱，烘烤20分钟后取出即可。

布朗尼蛋糕

食帖儿！

🔥 用料

黄油40克，白砂糖60克，糖浆30克，鸡蛋3个，低筋粉45克，可可粉、核桃仁碎各20克，糖粉2克。

👨‍🍳 做法

1. 不锈钢盆中加入黄油、白砂糖搅拌均匀，再慢慢地加入鸡蛋液，充分搅打至颜色略微发白，将低筋粉、可可粉过筛，放入不锈钢盆中搅拌均匀，再加入糖浆拌匀，最后加入核桃仁碎搅拌均匀，制成面糊。

2. 将面糊放入模具中，再放入预热的烤箱内，用180℃的温度烘烤20分钟，取出冷却后撒上糖粉即可。

草莓拿破仑蛋糕

食帖儿!

用料

西点奶油400克，草莓汁100克，清酥面500克，红醋栗10克，糖粉适量。

做法

1. 将清酥面解冻，用起酥机压成0.2厘米厚的薄片，放入预热的烤箱中，用230℃的温度烘烤12分钟，取出后切成长8厘米、宽3厘米的长条。

2. 不锈钢盆内加入西点奶油、草莓汁搅打均匀，制成草莓慕斯。

3. 将草莓慕斯装入裱花袋内，挤在酥皮上，再压上一层酥皮，表面撒上糖粉，用喷火枪加热不锈钢网架，将拿破仑蛋糕表面烫出网格形状的图案，放上红醋栗即可。

草莓果冻蛋糕

食帖儿！

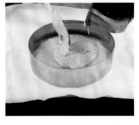

⌾ 用料

淡奶油、草莓蓉各300克，白砂糖80克，鱼胶40克，草莓汁100克，白蛋糕坯1个。

⌾ 做法

1. 将6寸白蛋糕坯平均片成四片。

2. 将草莓汁与熔化的一半量鱼胶放入不锈钢盆内，拌匀成草莓果冻。

3. 另取一个不锈钢盆，放入草莓蓉、白砂糖和剩余的鱼胶，用隔热水加热的方法加热至熔化；淡奶油搅打至七成发，再放入之前制好的混合物中，搅成草莓慕斯。

4. 取1个6寸蛋糕圈模具，将一片6寸白蛋糕坯垫入模具的底部，剩余三片白蛋糕坯用保鲜膜包好，下次使用，灌入草莓慕斯，并抹平表面，再放入冰箱中冷藏至草莓慕斯表面稍微凝固，最后摆上草莓果冻即可。

every day
Happy

卡布奇诺芝士蛋糕

食帖儿!

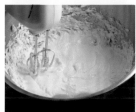

用料

奶油芝士200克,牛奶、白砂糖各40克,蛋黄50克,淡奶油120克,鱼胶10克,即溶咖啡粉20克,白蛋糕坯1个,咖啡糖水、咖啡粉适量。

做法

1. 将奶油芝士切块,用微波炉解冻至柔软后,放入不锈钢盆内,加入白砂糖,用搅拌器搅拌均匀,然后慢慢地加入蛋黄、牛奶搅拌均匀,将鱼胶熔化,放入不锈钢盆中搅拌均匀,再加入打发后的淡奶油、即溶咖啡粉略搅,做成慕斯。

2. 将白蛋糕坯放入模具内,表面刷上咖啡糖水,再灌入慕斯,冷藏3小时后取出,切块,撒上咖啡粉即可。

巧克力芝士蛋糕

食帖儿！

🔥 用料

　　奶油芝士400克，白砂糖160克，鸡蛋4个，黄油90克，白巧克力50克，巧克力饼干碎100克。

👨‍🍳 做法

1. 将奶油芝士切块，用微波炉解冻至柔软后放入不锈钢盆内，加入白砂糖、鸡蛋液、50克熔化的黄油搅拌均匀，加入熔化的白巧克力调拌均匀，做成芝士浆。

2. 将巧克力饼干碎放入另一个盆内，放入40克黄油搅拌均匀，做成饼干酥底。

3. 将饼干酥底均匀地压入模具底部，灌入芝士浆，抹平表面，再放入预热的烤箱内，用180℃的温度烘烤35分钟至表面略微上色，取出凉凉后切块装饰即可。

橙味芝士蛋糕

食帖儿！

🔥 用料

　　奶油芝士320克，白砂糖100克，鸡蛋4个，淡奶油400克，鱼胶20克，浓缩橙汁80克，白蛋糕坯1个，糖水适量。

👩‍🍳 做法

1. 奶油芝士切块，用微波炉解冻至柔软，再放入不锈钢盆内，加入白砂糖，用搅拌器搅拌均匀，慢慢地放入鸡蛋液搅拌均匀，将鱼胶隔热水加热至熔化，加入不锈钢盆中搅拌均匀；淡奶油搅打至七成发，然后加入不锈钢盆中；最后加入浓缩橙汁调拌均匀，制成慕斯。
2. 白蛋糕坯放入模具中，表面刷上糖水，灌入慕斯，放入冰箱中冷藏3小时，取出切块装饰即可。

大理石芝士蛋糕

食帖儿！

🔥 用料

奶油芝士450克，白砂糖50克，鸡蛋3个，淡奶油380克，鱼胶30克，草莓汁40克，白蛋糕坯1个，树莓60克，糖水适量。

👨‍🍳 做法

1. 奶油芝士切块，用微波炉解冻至柔软，再放入不锈钢盆内，加入白砂糖，用搅拌器搅拌均匀，然后慢慢地加入鸡蛋液搅拌均匀。

2. 另取一个不锈钢盆，放入淡奶油并搅打至七成发，将鱼胶熔化后加入奶油芝士中，再加入打发的淡奶油搅拌均匀，做成慕斯。

3. 取少量慕斯，加入草莓汁调成草莓色，做成草莓芝士。

4. 白蛋糕坯放入模具中，表面刷上糖水，灌入慕斯，抹平表面，草莓芝士装入裱花袋内，在慕斯表面拉线，再用竹扦在慕斯表面垂直拉出大理石花纹，切块后放上树莓装饰即可。

魔鬼蛋糕

食帖儿!

用料

　　低筋粉250克，鸡蛋4个，牛奶90克，苏打粉5克，白砂糖300克，可可粉30克，黄油175克，打发的淡奶油适量。

做法

1. 将白砂糖、黄油、鸡蛋、低筋粉、可可粉、苏打粉、牛奶放入盆中，搅拌均匀，制成蛋糕糊。
2. 将蛋糕糊装入模具中，用刮板将蛋糕糊抹平，放入烤炉，以上火180℃、下火160℃烘烤。
3. 烤熟后将蛋糕从模具中取出，将蛋糕片片成3片，抹上打发的淡奶油，切成小三角形，放入盘中，稍加装饰即可。

榛子慕斯蛋糕

食帖儿！

🔥 用料

　　牛奶、榛子酱各100克，白砂糖80克，蛋黄90克，鱼胶20克，淡奶油400克，杏仁蛋糕坯2个，花生仁碎30克，糖粉适量。

👨‍🍳 做法

1. 不锈钢盆中加入蛋黄、白砂糖搅拌均匀。

2. 另取一个不锈钢盆，倒入牛奶，盆置电磁炉上，加热煮开，然后加入熔化的鱼胶、搅拌好的蛋黄搅拌均匀，放入打发的淡奶油和榛子酱搅拌均匀，制成慕斯。

3. 取一个8寸蛋糕圈模具，放入一片杏仁蛋糕坯，将慕斯灌入模具的二分之一处，抹平表面，再放入一片杏仁蛋糕坯，灌满慕斯，冷藏3小时，取出切块后，撒上花生仁碎和糖粉即可。

白乳酪慕斯蛋糕
食帖儿!

🔥 用料

吉利丁片15克，白砂糖20克，蛋黄50克，牛奶、柠檬汁各120克，奶油芝士200克，淡奶油300克，白蛋糕坯1个。

👨‍🍳 做法

1. 将奶油芝士、白砂糖、蛋黄、吉利丁片、牛奶放入搅拌机中搅拌均匀。

2. 将淡奶油打发，再倒入奶油芝士中略搅，然后加入柠檬汁，倒入铺好白蛋糕坯的模具中，倒满后放入冰箱冷冻。

3. 将冻好的蛋糕取出，切成三角形，装盘后挤上打发的淡奶油，放上装饰即可。

黑森林芝士蛋糕

食帖儿！

用料

淡奶油、奶油芝士各300克，白砂糖、牛奶各100克，鱼胶30克，黑巧克力150克，白蛋糕坯1个，糖水适量。

做法

1. 奶油芝士切块，用微波炉解冻至柔软，再放入不锈钢盆内，加入白砂糖、部分淡奶油搅拌均匀，然后加入一半量熔化的鱼胶，搅拌均匀做成芝士馅。

2. 另取一个不锈钢盆，放入剩余的淡奶油搅打至七成发，放入熔化后的黑巧克力、牛奶、剩余的鱼胶搅拌均匀，制成黑巧克力酱。

3. 将白蛋糕坯均匀地片成四片，取一片白蛋糕坯放入模具中，再均匀地刷上糖水，挤上一圈芝士馅，淋上黑巧克力酱，用筷子搅拌出大理石花纹，盖上一层白蛋糕坯，重复上一个动作；放入冰箱中冷藏3小时，取出后切块即可。

百利甜酒芝士蛋糕

食帖儿!

🔥 用料

奶油芝士400克，白砂糖150克，鸡蛋3个，黄油200克，百利甜酒30克，食用金箔、柠檬汁、饼干酥底各适量。

👨‍🍳 做法

1. 将奶油芝士切块，用微波炉解冻至柔软后放入不锈钢盆内，加入白砂糖、鸡蛋液、黄油、百利甜酒和柠檬汁，用搅拌器搅拌均匀，做成芝士浆。

2. 将饼干酥底均匀地铺在模具底部并压匀，灌入芝士浆，放入预热的烤箱内，用180℃的温度烘烤约35分钟至表面呈金黄色后，取出切块，用食用金箔装饰即可。

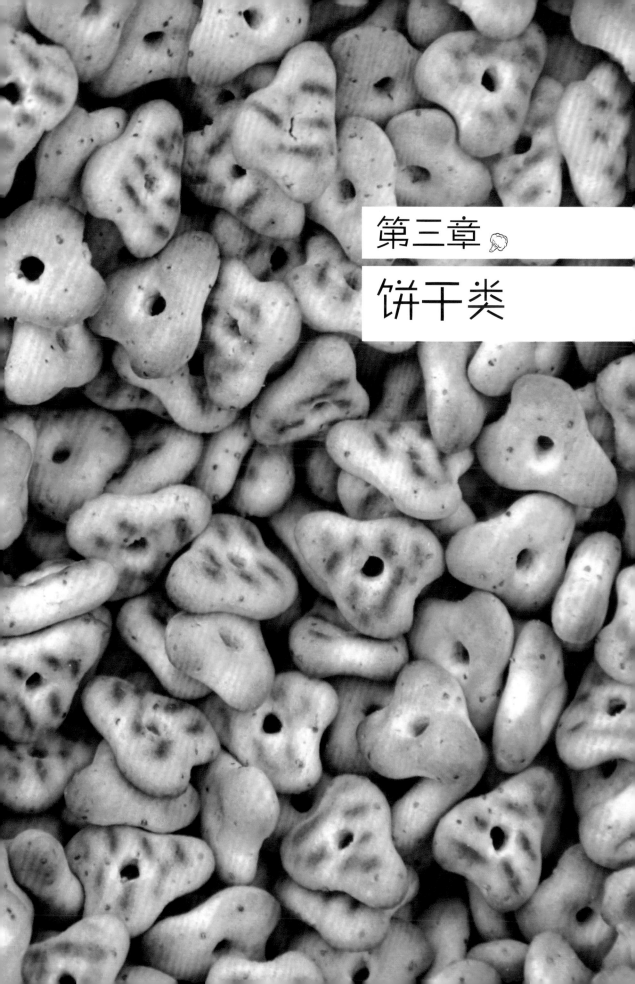

第三章

饼干类

橙子薄脆片

食帖儿！

🔥 用料

黄油、普通面粉各250克，白芝麻、鲜橙汁各260克，橙皮碎40克，白砂糖适量。

👨‍🍳 做法

1. 将黄油熔化，再和普通面粉、白芝麻、鲜橙汁、橙皮碎、白砂糖混合均匀，制成饼干料。
2. 将饼干料铺在烤盘上，放入烤箱，用170℃的温度烘烤8分钟后取出，搭在擀面杖上，凉凉后即可。

草莓白巧克力夹心饼干

食帖儿！

🔥 用料

普通面粉175克，苏打粉3克，奶油芝士120克，白巧克力100克，白砂糖150克，鸡蛋5个，糖粉、草莓果酱各适量，黄油75克，圣女果10克。

👨‍🍳 做法

1. 将黄油和白砂糖混合搅拌约5分钟，加入鸡蛋液、普通面粉、苏打粉搅拌均匀。
2. 将奶油芝士和白巧克力熔化后混合均匀，加入步骤1中，做成饼干料。
3. 将饼干料擀成0.5厘米厚的长片，用圆形的模具做成小饼干，放入烤箱，用180℃的温度烘烤12分钟，取出后凉凉，饼干中间夹入草莓果酱。
4. 用糖粉在饼干的表面撒上图案，装盘后用圣女果装饰即可。

姜味饼干

食帖儿！

🔥 用料

普通面粉150克，玉桂粉2克，苏打粉3克，姜糖碎20克，白砂糖100克，鸡蛋3个，黄油、黑巧克力各50克。

👨‍🍳 做法

1. 将黄油和白砂糖混合搅拌约5分钟，再加入鸡蛋液、普通面粉、玉桂粉、苏打粉、姜糖碎搅拌均匀，制成面团，切成每个15克的小面团，搓成字母O形，放入烤箱，用180℃的温度烘烤12分钟。
2. 取出后将饼干的一半蘸上熔化的黑巧克力即可。

风干番茄棒

食帖儿!

🔥 用料

　　普通面粉500克，风干番茄碎50克，酵母、白砂糖各10克，精盐5克，植物油20克，清水1000克。

👨‍🍳 做法

1. 将除风干番茄碎以外的用料混合搅拌均匀，用手反复揉搓至面团细腻光滑且富有弹性，再加入风干番茄碎。
2. 将面团盖上塑料布，醒20分钟，待醒发后，擀成2厘米厚的面片，再用刀切成10厘米长的长条。
3. 将长条整齐地摆放在烤盘上，放入烤箱，用220℃的温度烘烤12分钟，取出即可。

核桃饼干

食帖儿！

🔥 用料

普通面粉500克，核桃仁碎75克，泡打粉10克，鸡蛋10个，白砂糖100克，精盐1克，牛奶60克，黄油200克，香草油2克。

👨‍🍳 做法

1. 取一个不锈钢盆，放入黄油和白砂糖混合搅拌约5分钟，再加入鸡蛋液、普通面粉、泡打粉、精盐、香草油、牛奶、核桃仁碎搅拌均匀，制成饼干料。

2. 将饼干料搓成长棍状，然后切成每个5厘米长的长条，将两边搓成尖形，整齐地摆在烤盘上，放入烤箱，用180℃的温度烘烤12分钟，取出即可。

白巧克力花生球

食帖儿！

用料

　　普通面粉500克，花生仁碎450克，白砂糖200克，白巧克力碎、蜂蜜各90克，鸡蛋5个，精盐1克，黄油350克，香草油5克。

做法

1. 取一个不锈钢盆，放入黄油和白砂糖混合搅拌约5分钟，再加入鸡蛋液、香草油、普通面粉、精盐、蜂蜜、白巧克力碎和花生仁碎搅拌均匀，制成饼干料。
2. 将饼干料搓成直径为4厘米的长棍形状，再切成每个15克的小面团，搓成圆球，摆放在烤盘上，放入烤箱，用160℃的温度烘烤15分钟，取出即可。

黑巧克力碎饼干

食帖儿！

🔥 用料

面粉250克，黄油135克，黑巧克力碎100克，鸡蛋5个，苏打粉5克，白砂糖150克，精盐适量。

👨‍🍳 做法

1. 取一个不锈钢盆，放入面粉、苏打粉搅拌均匀，过细筛成粉料。

2. 将黄油、白砂糖、精盐放入另一个不锈钢盆中混合搅拌5分钟，然后加入鸡蛋、粉料搅拌均匀，再加入黑巧克力碎充分调匀，制成饼干面团。

3. 将饼干面团搓成直径4厘米的长条，再切成每个15克的小面团，搓成圆球，表面粘上少许黑巧克力碎，整齐地摆在烤盘上。

4. 将烤盘放入预热的烤箱中，用170℃的温度烘烤15分钟至金黄酥脆，取出凉凉，装盘上桌即可。

抹茶杏仁片

食帖儿!

🔥 用料

　　普通面粉100克，抹茶粉35克，杏仁片600克，白砂糖450克，鸡蛋2个。

👨‍🍳 做法

1. 取一个不锈钢盆，放入鸡蛋和白砂糖混合搅拌约2分钟，再加入普通面粉和抹茶粉搅拌均匀，放入杏仁片混合均匀，制成饼干料。
2. 将饼干料均匀地铺在烤盘上，放入烤箱，用160℃的温度烘烤10分钟，取出即可。

圣诞曲奇

🔥 用料

低筋粉300克，鸡蛋1个，黄油、白砂糖各150克。

👨‍🍳 做法

1. 将黄油、白砂糖放入搅拌机中打发后，加入鸡蛋，再打发后加入低筋粉搅拌均匀，将打好的面粉团倒在面案上，用擀面杖擀成长方形面片。
2. 用饼干模具在长方形面片上刻成各种不同的形状，制成曲奇生坯，放入预热的烤箱中烤至熟透，取出凉凉，装饰即可。

焦糖香蕉饼干

食帖儿!

🔥 用料

普通面粉200克，黄油100克，白砂糖90克，干香蕉碎、焦糖碎各50克，泡打粉、苏打粉各2克，精盐1克，鸡蛋5个。

👨‍🍳 做法

1. 取一个不锈钢盆，放入黄油和白砂糖混合搅拌约5分钟，再放入鸡蛋混合均匀，放入普通面粉、泡打粉、苏打粉、精盐搅拌均匀，再放入干香蕉碎和焦糖碎搅拌均匀，制成饼干料，然后搓成直径为4厘米的长条，切成每个15克的小面团。

2. 将小面团压扁，整齐地摆放在烤盘上，放入烤箱，用180℃的温度烘烤12分钟，取出即可。

黑胡椒黄油饼干

食帖儿！

🔥 用料

普通面粉200克，黄油120克，精盐10克，黑胡椒碎3克，鸡蛋5个。

👨‍🍳 做法

1. 将黄油、精盐和普通面粉混合搅拌约5分钟，再加入鸡蛋和少量黑胡椒碎混合均匀，制成饼干料，将饼干料擀成0.5厘米厚的面片。

2. 用模具把面片压制成形，整齐地摆放在烤盘上，在饼干表面撒上黑胡椒碎，放入烤箱，用170℃的温度烘烤15分钟，取出即可。

双色饼干

食帖儿！

🔥 用料

普通面粉200克，可可粉适量，蛋白20克，白砂糖80克，黄油130克。

👨‍🍳 做法

1. 取一个不锈钢盆，放入黄油和白砂糖混合搅拌约5分钟，再加入10克蛋白混合均匀，放入普通面粉，用手搅拌均匀，制成黄色的饼干料。
2. 取出1/2的饼干料，加入少许可可粉搅拌成棕色。
3. 分别将黄色和棕色的面团擀成长方形面片，两片中间刷上剩余蛋白后粘在一起，卷成直径为5厘米的卷，放入冰箱。
4. 冷冻后切片，摆在烤盘上，放入烤箱，用180℃的温度烘烤12分钟，取出即可。

橙味杏仁饼干
食帖儿！

🔥 用料

普通面粉250克，黄油、白砂糖各150克，杏仁片100克，橙子皮碎10克，泡打粉5克，精盐1克，鸡蛋4个。

👨‍🍳 做法

1. 将杏仁片放入已预热到160℃的烤炉烘烤5分钟，取出。

2. 将所有用料混合在一起，搅拌均匀，制成饼干料，搓成直径为6厘米的卷。

3. 用手掌轻压一下，然后放在烤盘上，放入烤箱，用180℃的温度烘烤8分钟，取出后切成0.8厘米厚的饼干条，再放入烤箱，用160℃的温度烘烤8分钟，取出即可。

花生饼干

食帖儿！

🔥 用料

面粉500克，花生仁、白砂糖各300克，黄油250克，糖粉150克，蛋白100克，鸡蛋4个。

🍳 做法

1. 将黄油放入搅拌机内打松，再加入鸡蛋、糖粉搅拌均匀，然后放入400克面粉，用慢速抽打均匀，取出后揉搓成面团。
2. 将花生仁去皮，压成碎粒，加入蛋白、白砂糖和100克面粉搅拌均匀，制成馅料。
3. 将面团擀成约0.5厘米厚的薄片，放在烤盘内，再放入馅料，抹平成饼干生坯。
4. 将烤箱用180℃预热，放入饼干生坯烘烤20分钟，取出凉凉，切条即可。

开心果饼干

食帖儿！

用料

黄油250克，普通面粉200克，白砂糖60克，开心果仁50克，玉米淀粉30克，精盐1克，鸡蛋2个，巧克力适量。

做法

1. 取一个不锈钢盆，放入黄油和白砂糖混合搅拌约5分钟，再加入鸡蛋、普通面粉、玉米淀粉、精盐搅拌均匀，制成饼干料。
2. 将饼干料搓成直径为4厘米的长条，切成每个15克的小面团。
3. 在小面团表面放上2颗开心果仁，淋上熔化的巧克力，整齐地摆在烤盘上，放入烤箱，用170℃的温度烘烤12分钟，取出即可。

Nutrition Facts 每100g产品主要营养成分	
Protein蛋白质	3.64g
Fat脂肪	5.6g
Carbohydrate碳水化合物	34.4g
Insoluble Dietary Fiber不溶性膳食纤维	2.77g
VitA维生素A	0.016mg
Ascorbic Acid抗坏血酸	0.05g
Ca钙	62.7mg
Fe铁	10.44mg
Zn锌	0.31mg
钠	251.2mg

蜂蜜夹心饼干

食帖儿!

🔥 用料

中筋面粉450克，白砂糖、黄油各250克，泡打粉5克，精盐2克，鸡蛋6个，蜂蜜适量。

👨‍🍳 做法

1. 将中筋面粉、泡打粉过细筛，放入不锈钢盆中调拌均匀，再放入黄油、白砂糖、精盐、鸡蛋搅拌5分钟，加入蜂蜜，搅拌均匀成粉团，盖上湿布，置通风处醒15分钟。

2. 将粉团放在案板上，用擀面杖擀成约0.5厘米厚的大片，再用六角形模具压成六角星小饼干生坯。

3. 将小饼干生坯整齐地摆在烤盘上，再放入烤箱中，用180℃的温度烘烤12分钟，取出凉凉，两个小饼干用蜂蜜粘在一起即可。

麦片蓝莓块

食帖儿！

🔥 用料

白巧克力碎450克，蓝莓干150克，混合麦片130克，黄油50克。

🍳 做法

1. 取个小碗，放入黄油和白巧克力碎搅拌均匀，制成白巧克力酱。
2. 另取一个不锈钢盆，放入混合麦片、蓝莓干和白巧克力酱搅拌均匀，取出后平铺在烤盘中，待凝固后，切成小块即可。

第四章

派及果冻

布朗杏仁派

食帖儿！

🔥 用料

李子200克，黄油、白砂糖、杏仁粉各100克，低筋粉20克，生甜派底8个，鸡蛋2个。

👨‍🍳 做法

1. 将李子清洗干净，沥水，放在案板上，去核，再切成片。
2. 不锈钢盆内放入黄油、白砂糖搅拌均匀，再慢慢地加入鸡蛋搅拌均匀。
3. 盆内加入过细筛后的杏仁粉、低筋粉搅拌均匀，制成馅料。
4. 将馅料和李子片灌入生甜派底，放入预热的烤箱中，用170℃的温度烘烤25分钟至表面凝固即可。

草莓慕斯派
食帖儿！

🔥 用料

淡奶油200克，草莓蓉100克，白砂糖30克，鱼胶20克，熟饼干派底6个。

👨‍🍳 做法

1. 不锈钢盆内放入淡奶油，用打蛋器打发。
2. 另取一个不锈钢盆，放入鱼胶，再用隔水加热的方法加热至鱼胶熔化。
3. 草莓蓉和白砂糖装入盆内，用隔水加热的方法加热至约40℃，并搅至化开，然后加入熔化的鱼胶、打发的淡奶油搅拌均匀，制成慕斯。
4. 慕斯挤入熟饼干派底，装饰表面即可。

核桃蛋黄派

食帖儿！

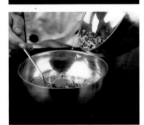

用料

核桃仁250克，糖浆100克，蛋白、蛋黄、白砂糖、黄油各30克，生甜派底2个，甜面条适量。

做法

1. 不锈钢盆内放入蛋黄、白砂糖搅拌均匀；核桃仁放入微波炉内，用160℃烘烤约8分钟至上色熟透，取出凉凉后切碎。

2. 另取一个不锈钢盆，放入黄油、糖浆，用电磁炉加热熔化后搅拌均匀，加入核桃仁碎拌匀，制成馅料。

3. 将馅料分别灌入2个生甜派底，表面压上甜面条，再刷上一层蛋白，放入预热的烤箱内，用170℃的温度烘烤约25分钟，至表面呈金黄色即可。

蓝莓果·冻

食帖儿！

🔥 用料

蓝莓汁300克，白砂糖50克，鱼胶20克。

👨‍🍳 做法

1. 不锈钢盆中加入蓝莓汁、白砂糖，置电磁炉上加热煮开，再加入熔化的鱼胶搅拌均匀。
2. 将混合物灌入模具中，放入冰箱中保鲜1小时即可。

红糖果仁派

食帖儿！

🔥 用料

　　什锦坚果（榛子仁、腰果和核桃仁）200克，糖浆100克，蛋黄、红糖各30克，黄油20克，低筋粉10克，生甜派底10个。

🍳 做法

1. 将什锦坚果放入烤炉内，用160℃的温度烘烤10分钟至上色，取出。

2. 取一个不锈钢盆，放入蛋黄和红糖搅打均匀，制成蛋黄糖。

3. 另取一个不锈钢盆，放入糖浆和熔化的黄油搅拌均匀，放入蛋黄糖，并继续搅拌均匀，放入什锦坚果、低筋粉搅拌均匀，制成馅料。

4. 将馅料灌入生甜派底，放入预热的烤箱内，用170℃的温度烘烤约25分钟，至表面呈金黄色即可。

橙味黑樱桃派
食帖儿！

🔥 用料

黑樱桃（罐头）300克，玉米淀粉15克，白砂糖10克，玉桂皮、橙皮碎各5克，熟甜派底2个，清水600克。

👨‍🍳 做法

1. 开罐取出黑樱桃，放入不锈钢盆中，加入白砂糖、玉桂皮和橙皮碎。

2. 将不锈钢盆置电磁炉上，加入玉米淀粉、清水，小火煮开后离火，制成黑樱桃馅料。

3. 将黑樱桃馅料灌入熟甜派底，装盘后装饰即可。

127

原味黑樱桃派

食帖儿!

用料

　　黑樱桃、黄油各200克，杏仁粉150克，低筋粉100克，白砂糖50克，鸡蛋2个，生甜派底2个。

做法

1. 不锈钢盆中加入黄油、白砂糖，搅拌3分钟，再慢慢地加入鸡蛋搅拌均匀，将低筋粉、杏仁粉过细筛，放入不锈钢盆内搅拌均匀，然后放入黑樱桃，制成馅料。
2. 将馅料灌入生甜派底，放入预热的烤箱中，用170℃的温度烘烤约25分钟，至表面呈金黄色即可。

薄荷巧克力派
食帖儿！

🔥 用料

淡奶油400克，黑巧克力180克，巧克力豆50克，黄油20克，薄荷酒15克，熟甜派底6个。

👨‍🍳 做法

1. 不锈钢盆内放入淡奶油，用打蛋器打发。
2. 另取一个不锈钢盆，放入黑巧克力，用隔水加热的方法加热至黑巧克力熔化，加入熔化的黄油和薄荷酒搅拌均匀，然后加入打发的淡奶油搅拌均匀，制成慕斯馅料。
3. 将慕斯馅料装入裱花袋，再挤入熟甜派底中，表面装饰巧克力豆即可。

甜橙果冻

食帖儿！

用料

甜橙汁300克，白砂糖50克，鱼胶20克。

做法

1. 不锈钢锅中加入甜橙汁、白砂糖，置电磁炉上，加热煮开后降温至55℃，关火。
2. 加入熔化后的鱼胶，搅拌均匀。
3. 灌入模具中，放入冰箱中冷藏1小时，取出装饰即可。

苹果果·冻
食帖儿！

🔥 用料

苹果汁300克，白砂糖50克，鱼胶20克，苹果罐头80克。

👨‍🍳 做法

1. 不锈钢盆中加入苹果汁、白砂糖，置电磁炉上煮开后降温至55℃，关火。
2. 加入熔化后的鱼胶，搅拌均匀。
3. 将苹果肉从苹果罐头中取出，切成丁，放入不锈钢盆中，调匀成果冻料。
4. 将果冻料灌入模具中，放入冰箱中冷藏1小时，取出后脱模即可。

红加仑果·冻

食帖儿!

🔥 用料

红加仑汁300克，红加仑果粒30克，鱼胶20克，白砂糖50克。

👨‍🍳 做法

1. 取一个不锈钢盆，放入红加仑汁、白砂糖，盆置电磁炉上，加热煮开后，放入熔化的鱼胶、红加仑果粒搅拌均匀，制成果汁。

2. 将果汁灌入模具中，放入冰箱中保鲜1小时，取出即可。

超软布朗尼派

食帖儿！

🔥 用料

　　白砂糖200克，黄油80克，低筋粉70克，黑巧克力60克，香草油3克，泡打粉、精盐各2克，生甜派底3个，鸡蛋2个。

👨‍🍳 做法

1. 将装有黑巧克力的小号不锈钢盆放入另一个大号的不锈钢盆内，用隔水加热的方法加热至黑巧克力熔化，再加入精盐、香草油搅拌均匀。

2. 另取一个不锈钢盆，放入黄油、白砂糖，搅拌5分钟至均匀，再慢慢地加入鸡蛋、过细筛的低筋粉和泡打粉、熔化的黑巧克力搅拌均匀，制成馅料。

3. 将馅料灌入生甜派底至七分满，放入预热的烤箱内，用170℃的温度烘烤约25分钟即可。

朗姆提子派

食帖儿!

🔥 用料

　　提子干、黄油、白砂糖、杏仁粉各100克，低筋粉20克，生甜派底8个，鸡蛋2个，朗姆酒、薄荷叶各适量。

👨‍🍳 做法

1. 取一个不锈钢盆，放入提子干，再加入朗姆酒浸泡4小时以上，放入黄油、白砂糖搅拌均匀，再慢慢地加入鸡蛋，并充分地搅拌均匀，然后加入过细筛的杏仁粉、低筋粉搅拌均匀，制成馅料。

2. 在生甜派底上均匀地按压一层馅料，撒上部分提子干，再将馅料灌入生甜派底至八分满，将灌好馅料的生甜派底放入预热的烤箱内，用170℃的温度烘烤约25分钟至表面凝固，取出后在表面撒上剩余提子干和薄荷叶即可。

巧克力慕斯派

食帖儿！

用料

黑巧克力180克，淡奶油400克，黄油20克，朗姆酒15克，巧克力碎末、巧克力棒、巧克力片各50克，熟甜派底6个。

做法

1. 取一个不锈钢盆，放入淡奶油打发。

2. 将黑巧克力放在案板上，切成小块，放入另一个不锈钢盆，用隔水加热的方法加热至熔化，再加入熔化的黄油和朗姆酒搅拌均匀，放入打发的淡奶油搅拌均匀，制成慕斯。

3. 将慕斯挤入熟甜派底中，表面撒上巧克力碎末，用巧克力棒和巧克力片装饰即可。